猫語図鑑

kitty 🐾 language

猫のボディランゲージを学んで
もっとウチのコと仲良くなろう

著
リリー・チン
Lili Chin

訳
茶谷千穂

KADOKAWA

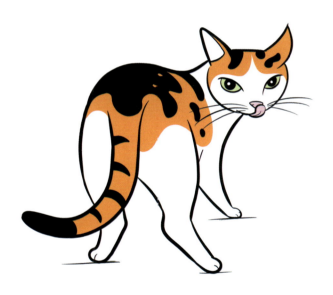

はじめに

猫を愛する皆さまへ
Hello, Cat Lovers!

Introduction Hello, Cat Lovers!

　私はパートナーと一緒に２匹の猫を引き取ったのですが、その後まもなく、そのうちの１匹に「特別な人間」として認定される栄誉にあずかりました。マンボと名付けた黒くてフワフワなその子は、私以外の人間（パートナーも!）はほとんど受け付けず、なでるのを許されるのは私だけです。いつも私の後をついて回り、クルルルと鳴いて私を歓迎し、私の手にほっぺたをすりすりとこすりつけてきます。私が仕事をしているとじっと見ているし、ソファに座ればもたれかかってきます。私がパズルのおもちゃやクリッカーとおやつでゲームに誘うと大喜びです。猫にこんなに注目されるなんて思ってもみなかったので、友人達にはよくマンボは犬みたいだと話していました。

　そんな私に、猫のビヘイビアリストである友人があきれて言ったのが忘れられません。「何言ってるの。マンボはすごく猫らしいよ」

　私は当時、犬と13年間一緒に暮らした後に初めて猫を迎え、ちょうど、猫は犬にくらべて社会性や訓練性が低いという通説に疑問を感じるようになっていました。ちまたには、犬は人間の最良の友で、猫は人間に無関心で不可思議かつ残忍だというような話があふれていました。

　もちろん、猫は単独で暮らす捕食動物ではあります。でも、それだけではないと私たちは常日頃感じているわけで、最近の科学によっても様々なことが明らかになっています。猫は社会的に柔軟な動物で、子猫が母猫を慕うように人間に愛着を感じることもあり、愛情や信頼、またひとりでいたいというようなことを、猫なりの方法で表現しているのです。

Introduction Hello, Cat Lovers!

この本を執筆している現在、猫のボディランゲージに関する科学的なデータは、犬ほどは蓄積されていません。ただ、猫がどのようにコミュニケーションを取るかについての研究は数多くなされています。うちの猫たちは、どうして壁の隅に顔をこすりつけるのか、なぜあちこち爪で引っかくのか。この子はなでてもらいたいのか、離れたいのか。自信を持てているのか、怖がっているのか。落ち着いているのか、イライラしているのか。この子たちは遊んでいるのか、ケンカしているのか。猫のボディランゲージをちゃんと見て、意味が理解できるようになることは、猫が自宅で安心して幸せに暮らすための第一歩になります。

　では、どこを見ればいいのでしょう。猫は気分や感情を体のあらゆるパーツで表現しています。顔、目、耳、ひげ、姿勢の変化、そして動く方向やスピードを見ましょう。でも、ひとつのパーツや姿勢に注目するだけでは、猫の「言葉」の意味を理解することはできません。猫が背中をアーチ状にして、しっぽの毛を逆立ててシャーと言いながら後ろに下がっていたら、おそらく何かを怖がっているということでしょう。同じように背中をアーチ状にしてしっぽの毛を逆立てていても、左右にピョンピョンと飛び跳ねていたら、楽しく遊んでいるということです。

Introduction　Hello, Cat Lovers！

　猫のボディランゲージを理解するということは、猫がどのような状況でどのように動いているかを観察し、猫の行動と全体像との関連を理解するということです。この本を製作したことで、私はうちの猫たちがお互いに、そして私に対してどのように話をしているか、しっかり目を向けるようになりました。そして繊細で、賢く、豊かに自分の感情を表現する猫という動物が、ますます好きになりました。『猫語図鑑』を読んでくださった皆さんにも同じ喜びがありますように。

Lili ×

体全体の動きを見ること

個々のパーツの変化を見ながらも、常に、体全体の動きを見ましょう。

そのときの状況を考えること

行動には必ず意味があり、猫がなぜ、そして何を話しているのかを理解するには、その行動が起きている状況を考慮しましょう。

猫にはそれぞれ個性があります

猫がどんな行動を取るかは、年齢、健康状態、種類、性別、遺伝的特徴やそれぞれの過去の経験によっても違います。例えば、子猫のときに人に対する社会化ができている猫は、そのような機会がなかった猫とは、人前で見せる行動が違ってきます。似たような状況でも、個々の猫が違う行動を見せるのは、当たり前のことです。

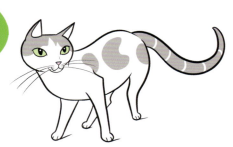

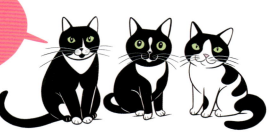

目次

はじめに	🐾	004
匂い	🐾	014
耳	🐾	028
目	🐾	042
ひげ	🐾	054
しっぽ	🐾	060
姿勢	🐾	080
鳴き声	🐾	104
親しみを表す行動	🐾	114
葛藤やストレスを表す行動	🐾	130
遊び	🐾	144

匂い

Scent

私たち人間は匂いやフェロモンを
読むことはできませんが、
猫には匂いを介した
コミュニケーション行動があります。

匂い
Scent

kitty language
匂いを介したコミュニケーション

猫にはそれぞれ、自分を象徴する固有の匂い（シグネチャー・セント）があります。猫が互いを認識するのに一番頼りにするのは、それぞれの匂いです。猫は友達同士で互いの皮膚を接触させてそれぞれの固有の匂いを混ぜ、コミュニティを形成するメンバーか否かを測るための共同の匂い（コミュナル・セント）を作ります。友達や家族の間では、体をくっつけ合ったり、一緒に寝たり、毛づくろいし合うことで、共同の匂いを頻繁に更新しています。猫が一定期間、家を離れて違う匂いをつけて帰ってくると、再びその家の匂いを身にまとうまで、仲間の猫たちには友達だと思ってもらえないこともあります。

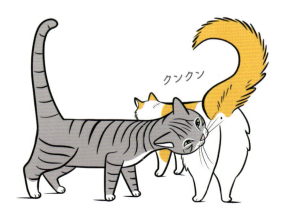

匂い
Scent

kitty language
臭腺
しゅうせん

猫の顔や体にある臭腺からは、他の猫が認識できる化学信号、つまりフェロモンが出ています。臭腺が猫の体のどこにあるかはまだ研究の途上ですが、今のところわかっているのは、このイラストの通りです。

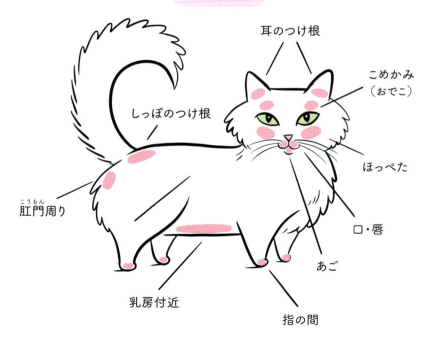

猫の臭腺

- 耳のつけ根
- こめかみ（おでこ）
- しっぽのつけ根
- ほっぺた
- 肛門周り（こうもん）
- 口・唇
- あご
- 乳房付近
- 指の間

kitty language
匂いのマーキング

匂いのマーキングとは、猫がフェロモンなどの化学信号を自分の生活圏内であちこちこすりつけることを言います。これは、猫同士のコミュニケーションの重要な要素で、これにより、猫はどこにいても安心できます。

匂い
Scent

こすりつけたり引っかいたり

顔や指の間の臭腺から出る化学信号を何かに移すときの猫の行動。

見た目はこんな感じ

- 顔や体を壁や家具などにこすりつける
- 爪を出してふみふみしたり引っかいたりする

こんな気持ち・こういうことかも

- ものや場所におなじみの匂いがついていて安心
- 「ぼくはここに来たよ」「私はここに住んでいるんだよ」という印
- 自分がいつどこを訪れたのか、情報を更新する（匂いは時間の経過で弱くなる）
- 他の猫と匂いのメッセージをやり取りする

匂い
Scent

トイレ

猫のトイレは、猫自身やその家の共同の匂いが結集している場所です。トイレに洗浄剤や脱臭剤が使われると、そのトイレを避けるようになることがあります。

スプレー行為（尿のマーキング）

排泄しているように見えますが、違う意味があります。

見た目はこんな感じ

- しっぽを高く上げ、震わせていることもある（P.66も参照）
- 垂直な面や床面より高いところにあるものに向かって尿をスプレーする

こんな気持ち・こういうことかも

- ストレス、不安
- 自分が今どこにいるかを確かめたい
- 「なんか、家の中が前と違う！」
- 「安心してくつろげる場所にしないと」
- 去勢・不妊手術をしていない猫にとっては、交配相手を引きつけるための匂いのメッセージ

匂い
Scent

kitty language

匂いの情報処理（フレーメン）

猫のコミュニケーションの基本は匂いなので、猫には匂いを取り込む器官がふたつあります。ひとつは鼻、そしてもうひとつが上あごにある鋤鼻器官（じょび）（またはヤコブソン器官）です。

鋤鼻器官で匂いを取り込んだときの猫の表情を、フレーメン反応と言います。英語では、スティンクフェイス、エルビス・リップ、チャッフィングなどとも言います。猫は匂いの情報処理をしているだけなのですが、怒っていると勘違いされることもあります。

口をポカンと
開けている
（下の歯が見えている）

見た目はこんな感じ

- 上唇が巻き上がり、下唇は下がり気味で口が開いている
- ポカンとしているように見え、あざ笑っているような表情や、しかめっ面のようにも見える

こんな気持ち・こういうことかも

- 「もっと情報収集したいんだよ…」
- 匂いを取り込み、味わい、細かく分析している
- フェロモンを検知している

注：フレーメンは猫だけのものではありません。馬、サイ、山羊、鹿、羊、犬でも見られます。そのときの行動は種ごとに違います。

匂い
Scant

kitty language
匂いを楽しむ

匂いをたどる

猫も犬と同じように嗅覚が鋭く、匂いをたどって場所を突きとめる高度な能力を持っています。

匂いをたどるとき、猫は犬よりもゆっくり動くことが多く、匂いを忙しく分析しているときは、動かずにぼーっとした様子で関心がなさそうに見えます。

マタタビ反応

猫を引きつける植物から出る化学物質を嗅ぐと、個体差はあるものの、猫は以下のような行動を見せます。

見た目はこんな感じ

- ゴロゴロ転がる
- 植物にほっぺたやあごをこすりつける
- よだれを垂らす、頭を振る（P.138参照）、皮膚が波打つ（P.137参照）、手でつかむ、しゃぶる、ウサギのキックをする（P.149参照）

こんな気持ちかも

- うっとりしている、リラックスしている
- 興奮している、刺激を受けている

注：全ての猫がマタタビに反応するわけではなく、行動には個体差があります。

顔をこすりつけている

ゴロゴロ転がっている

マタタビ入りのおもちゃ

しゃぶっている

キックしている

Ears

猫には優れた聴覚があり、
顔のパーツの中でも
感情表現が豊かなのが耳です。
ひとつの耳に32もの筋肉があり、
あらゆる方向に
自在に動かすことができます。

耳 Ears

kitty language
正面を向いた耳

猫が耳を正面に向けていたら、リラックスしていると考えてよいでしょう。

見た目はこんな感じ

- 耳の開口部が正面を向いている
- 耳が立っていて、少しだけ外側に傾いている
（傾きの角度には個体差があります）

こんな気持ちかも

- 満足している
- 気持ちがいい、リラックスしている
- 耳の先端がまっすぐ上を指していたら、周囲の何かに注意を向けているということ

注：耳が外側に傾けば傾くほど、快適の度合いが小さくなります。

耳がピンと立って、
左右の開きが少ない

注意を払っている

耳を立てて、
外側に少し傾いている

満足している

外側に
大きく傾いている

大丈夫ではない

耳
Ears

kitty 🐾 language
レーダーの耳

ほとんどの猫が耳をあらゆる方向に動かせます。左右の耳を外側にうんと倒したり、すごく近づけたりもできますし、前後左右自在に動かせます。

見た目はこんな感じ

- 耳の開口部をすばやくあちこちに向ける
- 左右の耳をバラバラに動かす

こんな気持ち・こういうことかも

- 「なんか、注意を払わないといけないものがあるような…」
- 聞こえてくる様々な音の方向を分析している
- 音がする方向を特定している

耳の位置や動きだけでなく、その他のボディランゲージの変化も同時に見ることで、そのときの猫の気持ちがわかります。特になんとも思っていないのか、興味を抱いているのか、それとも不安を感じているのか。

耳 Ears

kitty 🐾 language
イカ耳

外向きの耳、横向きの耳とも言われます。

見た目はこんな感じ

- 両耳が回転して外側を向いている
- 耳をピンと張っているか、少し後ろに引いている
  （正面から見ると、耳が細く見える）

こんな気持ちかも

- 落ち着かない
- 混乱している
- イライラしている
- 「大丈夫じゃないよ」
- 「用心しないと！」

注：両耳が外側を向いているときは、それぞれの方向から聞こえる違う音に同時に耳を傾けている、ということもあります。猫がストレスを感じているかどうかは、耳を外側に向けている時間の長さでわかります。また、外側からさらに後ろ向きになるほどに耳を回転させていたら、猫のイライラの度合いが大きいと考えられます。そして、そのときに耳を下げていたら、恐怖も感じているということです。

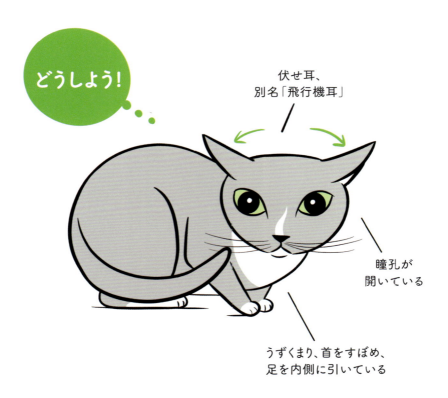

耳
Ears

kitty language
伏せ耳

英語では、耳の先端が横や後ろを指して飛行機の羽のような形になっていたら「飛行機耳」とも言われます。

見た目はこんな感じ
- 耳が平たく伏せられ、開口部が見えない
- 耳の先端が下や後ろを指している

こんな気持ちかも
- 怖い
- 心配
- 逃げ場がない

耳が平らであればあるほど、恐怖心が強いということです！

耳がとても平ら
シャー！！！！
それ以上近づくな！
防御の姿勢

耳
Ears

耳が下がっている
違いを知ろう

猫は、一般的に、耳が正面を向いてまっすぐ立っていれば、ハッピーで自信が持てているということです。耳の方向をくるくると変えていたら、どのくらいそれを続けているか、そして猫の体全体を見て、ストレスを感じているのかどうかを判断しましょう。

ストレスを感じている
猫が身を隠したり、うずくまったりしているとき、耳を平らに伏せていたら、プレッシャーや恐怖を感じているということです。

耳を守っているだけ
遊びやケンカをしているとき、猫は耳を平らに伏せて守ることがあります。なでてもらったり毛づくろいされたりしているときも、邪魔にならないように耳を伏せることがあります。

うまく通り抜ける
狭いところを通るときに耳を下げているのは、引っかからないようにするためです。

耳
Ears

kitty language
その他の耳

猫の種類によっては、耳をあまり自由に動かせないこともあります。フルに回転させられなかったり、伏せられなかったり、全く動かせないこともあります。だからこそ、猫の気持ちを理解するには、体全体の動きを見なければなりません。

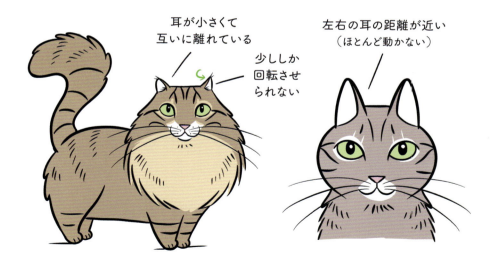

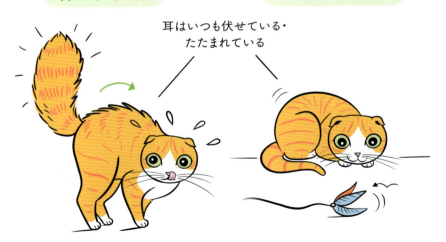

Eyes

猫は常に周囲を観察し、
学習しています。
私たち人間が、ものごとに
どんな反応を示しているかも
よく見ています。

目
Eyes

kitty language

やわらかな視線、ゆっくりまばたき

猫がやわらかな視線を送っていたら、心が平穏だということです。

見た目はこんな感じ

- アーモンド形、もしくは眠そうな目でアイコンタクトしている
- ゆっくりと眠そうにまばたきをすることもある

こんな気持ち・こういうことかも

- 心地よい
- 親しみを感じている
- 緊張を和らげたい
- 「あなたといると安心です」
- 他の猫や人がゆっくりまばたきしたことへのお返し

猫の目は、細かいものを見るのは苦手ですが、ものの動きはよく見えます。愛猫があなたの方をまばたきもせずにじっと見つめていたら、あなたを見ているというより、部屋の中のあらゆる動きを見ているということかもしれません。

目
Eyes

kitty language

じっとにらみつける・上から見下ろす

やわらかな視線とは逆で、対決姿勢を表しています。

見た目はこんな感じ

- 他の猫を長いこと、じっとにらみつけている
- 背筋を伸ばして、頭を高くしている
- 動かない

こんな気持ち・こういうことかも

- 気分を害している
- 「ここは私の縄張りだ」
- 「これ以上近づくな。さもないと…」
- 他の猫を追い払う準備をしている

注：猫が互いに見つめ合うと、一方が逃げ出すか、争いに発展します。このような場面では双方の猫のボディランゲージをよく見て、何が起きているかを理解しましょう。（P.101の「威嚇している」も参照）

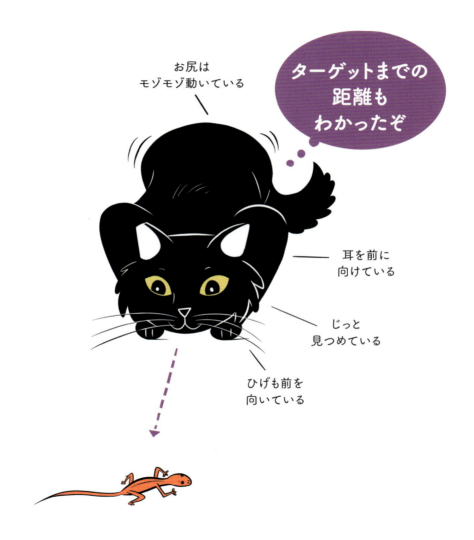

目
Eyes

kitty language
狩り遊びの凝視

この後、普通はそのまま待ち伏せしたり、飛びかかったりします。

見た目はこんな感じ

- 小さな動くものや小動物を執拗(しつよう)に、目を大きく見開いて見つめている
- 耳をピンと立てて注意を払っている(P.31も参照)
- 上半身は動かさずに、後ろ足やしっぽは動かしている

こんな気持ちかも

- とても興味がある
- 執着している
- 狩り遊びのモード(P.147-149も参照)
- 「逃がすものか!」

注:猫には、ずば抜けた動体視力がありますが、至近距離(30cm以下)だと、うまくピントを合わせられません。(P.58も参照)

目
Eyes

kitty language

瞳孔の大きさ

猫の目は周囲が明る過ぎたり、全くの暗闇だったりするとよく見えないので、明るさの度合いに応じて瞳孔が変化します。瞳孔の通常の大きさは、猫によって違います。

瞳孔が小さくなっている

見た目はこんな感じ

- 瞳孔が縦のスリットのように細くなっている

こんな気持ち・こういうことかも

- 周囲が明る過ぎるときに、もっとよく見ようとしている
- 距離を測るために焦点を合わせようとしている

目 Eyes

瞳孔が開いている

見た目はこんな感じ

- 瞳孔は大きく丸い
- 急に瞳孔が開いて、すぐに元に戻ったりすることもある

こんな気持ち・こういうことかも

- 薄明かりの中で、もっとよく見ようとしている
- ワクワクしていることもあれば怖がっていることもあるので、その他のボディーランゲージをよく見ましょう。

注：薬物治療の影響で瞳孔の大きさが変わることがあります。

怖がっている

- 瞳孔が開いている
- 耳が下がっている
- 隠れている

どうすれば落ち着けるかな!?

ひげ

Whiskers

猫のひげは
人の目には見えにくい
ことがありますが、
たくさんの役割があります。

ひげ
Whiskers

kitty language

リラックスしている ときのひげ

リラックスしているとき、猫のひげはたいてい横にフワフワと広がり、少し下がっていますが、猫の種類によって、ひげの形にも違いがあります。

猫のひげの毛包には血管と感覚神経終末が分布していて、猫の情報処理を助けています。

- 気流の変化を察知する
- 狭い場所では、自分が通れるかを測る
- 何かが近づき過ぎたとき、目を守るために、まばたきするべきかを教えてくれる
- 至近距離にあるものや獲物を察知する

猫のひげは、猫の気持ちや何をしているのかも表しています。

ひげ
Whiskers

ひげが前方に広がっている

見た目はこんな感じ

- ひげが顔から離れるように前方に広がっている（猫が何かに集中しているときに）
- 口がふくらんでいるように見えることもある

こんな気持ち・こういうことかも

- ワクワクしている
- 興味津々
- 至近距離にあるものや獲物までの距離を測っている（猫は近くがよく見えません）

ひげを後ろに引いている

見た目はこんな感じ

- 顔に貼りつくように、ひげを後ろに引き、束になって見えることもある

こんな気持ちかも

- 不安
- プレッシャーを感じている
- 「ぼくのひげを触らないで」

猫は、何かが近づき過ぎたとき、それが触れないように、ひげを後ろに引くこともあります。（P.143の「尖ったひげ」も参照）

しっぽ

Tail

猫は体を動かしたり
何かに登ったりするときに
しっぽでバランスを取りますが、
しっぽの役割はそれだけでなく、
位置や動きを見れば
そのときの猫の気分がわかります。

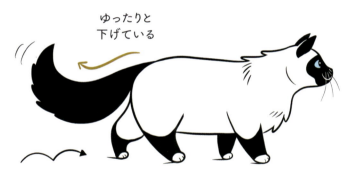
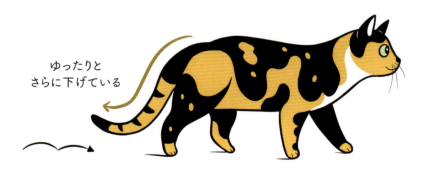

しっぽ
Tail

kitty language

ゆったりとしたしっぽ

見た目はこんな感じ

- 猫がしっぽをゆったりさせて動き回るとき、しっぽの定位置には個体差があります。
- 少しカールしている（かたさや緊張がない）

こんな気持ちかも

- 「ブラブラしているだけだよ！」
- リラックスしている
- 特に何も気にしていない

ゆったりとしたしっぽ

しっぽ
Tail

kitty language
しっぽを上げている

見た目はこんな感じ

- しっぽは垂直に上がり、かたさがない
- 先端がクエスチョンマークや傘の持ち手のように、ゆるくカールしている

こんな気持ちかも

- ハッピー
- 自信がある
- 親しみを感じている
- 「怖くないよ」（遠くからでも、ぼくのしっぽが見えるでしょう？）
- 「君とふれあいたいな」

P.74-77の「ふくらんでいるしっぽ」と混同しないように。

しっぽ
Tail

kitty language
しっぽが振動している

猫が人にあいさつをするときに見られます。（23ページに見られるスプレー行為の前に見られるしっぽの振動と混同しないように）

見た目はこんな感じ
- しっぽは垂直に上がり、根元から振動している（振っているのとは違います）

こんな気持ちかも
- ハッピー
- 有頂天
- ものすごくワクワクしている、何かをものすごく欲している

kitty language
しっぽで相手に触れる

見た目はこんな感じ

- しっぽを他の猫の体やしっぽに、または人にくっつけたり、からませたりしている

こんな気持ちかも

- 好意を寄せている
- 交流したい

しっぽ
Tail

kitty language

しっぽがこわばっている

猫がその場を離れるときによく見られます。

見た目はこんな感じ

- しっぽは垂直に上がっていた状態から少し下がり、硬直している
- しっぽの先端を下に向けるか、股の間にはさんでいる

こんな気持ちかも

- 確信が持てない
- 安全だと思えない
- 不安
- 「ここを離れるべき?」

しっぽ
Tail

kitty language

しっぽを
パタパタと振っている

見た目はこんな感じ

- しっぽの真ん中から先端部分をパタパタと振ったり、前後に揺らしている

こんな気持ち・こういうことかも

- 何かで忙しい
- 「ワクワクを抑えられないよ!」
- 情報処理に忙しい
- 何かに執着している
- 何が起きるかを見ていたり、待ちかまえていたりする

しっぽの動きが大きければ大きいほど、気持ちの高まりも大きいということ。

おいしそうな匂い!

パタパタと振っている

意識を集中して探っている

しっぽ
Tail

kitty language

しっぽを大きく振っている

見た目はこんな感じ

- しっぽを大きく揺らして振っていて、何かに打ちつけたり、トントンとたたいたりしている

こんな気持ちかも

- プレッシャーを感じている
- イライラしている
- 「手に負えないよ!」
- 「落ち着けないよ」

しっぽの大きな動きは、猫の興奮やイライラ、刺激過多などを表していて、そのときの状況に照らして理解する必要があります。

ワワワ！
しっぽを左右に振っている
画面に集中して凝視している

しっぽ
Tail

kitty language
びっくりして ふくらんでいるしっぽ

一連の動きを見ないと何が起きたのか、理解できません。

見た目はこんな感じ

- しっぽの毛が突然逆立ち、ふくらむ
- 体の他の部分の緊張が解けても、しっぽはふくらんだまま

こんな気持ち・こういうことかも

- 驚いた
- 不意打ちを食らった
- 恐れや混乱から回復している

しっぽ
Tail

kitty 🐾 language

防御の
ふくらんでいるしっぽ

英語では、ボトルブラシ・テイルやクリスマスツリー・テイルとも言われます。

見た目はこんな感じ

- しっぽがふくらんでいて、先端は上下いずれかを指している
- 頭を低くしているか、首をすぼめている
- 顔や体が緊張している
- 体を大きく見せるために、相手に体の横を向けている

こんな気持ちかも

- 恐怖
- 逃げ場がない
- 防御
- 「こっちに来るな！　それ以上近づくな！」
- 「攻撃は最大の防御なり！」

P.99の「怯えている」も参照。

しっぽ
Tail

kitty language

その他のしっぽ

猫のしっぽだけでなく、体全体の動きとそのときの状況を見ないと、全体像はわかりません。しっぽの短い猫やしっぽのない猫なら、なおさらです。

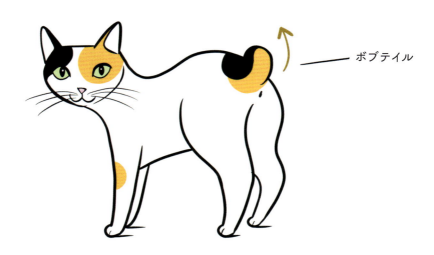

心地よい

ボブテイル

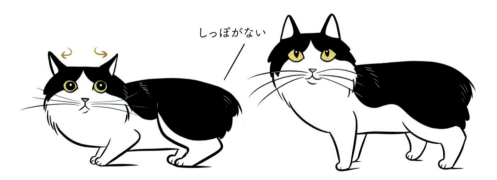

体全体の動きを
どのように見ればよいか、
いくつか例をお見せします。

姿勢 Posture

kitty language

リラックスして安心している

リラックスしている猫の体はやわらかく、力の抜けた動きをします。

見た目はこんな感じ

- 顔も体も力が抜けている
- ぎくしゃくすることなく、なめらかな動き
- 体重がバランスよく四肢に乗っている

こんな気持ちかも

- リラックスして安心している
- 「何も心配がない」
- 「ただブラブラしてるだけ!」

注:肉球を地面につけているときより、つけていないときの方がよりリラックスしています。

香箱座り / ちょっとお昼寝 / 足をしまっている（肉球を地面につけていない） / 眠そうな目

姿勢
Posture

kitty 🐾 language

特にリラックスしていて心地がよい

体の「開き」や「伸び」が大きければ大きいほど、猫はよりリラックスして、心地よく感じているということです。前足でふみふみしていることもあります。（P.124の「ふみふみしている」も参照）

見た目はこんな感じ

- 体が開いている ― だらんとしていたり、体を伸ばしていたりする
- 四肢の足裏が地面から離れ、指裏の肉球が全て見えている
- リラックスした表情

こんな気持ちかも

- 居心地がよい
- 特にリラックスしている

いい気持ち

体がゆるんで伸びている

指と爪を伸ばして広げている

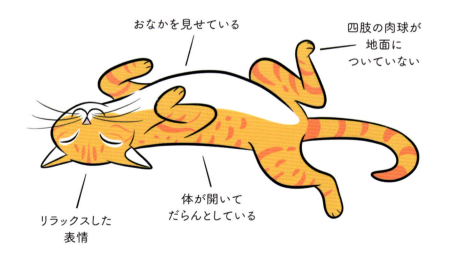

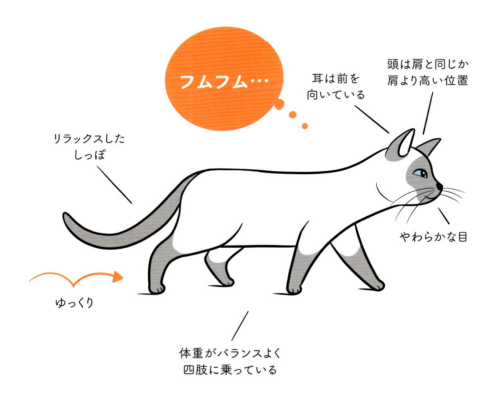

姿勢 Posture

kitty language
ゆったりとした動き

猫はリラックスしているとき、体にかたさがなく、頭からしっぽまで全身の動きがなめらかです。ぎくしゃくした、きれぎれでぴくぴくしたような動きが見られたら、興奮や不安、イライラを抱えていると考えられます。

見た目はこんな感じ

- 頭は肩と同じか肩より高い位置
- やわらかな目で、耳は前を向いている
- 歩くペースがゆっくりで力が抜けている
- リラックスしたしっぽ（しっぽの高さは猫によって違います）

こんな気持ちかも

- 穏やかな好奇心
- 特に何かに集中しているわけではない
- 居心地がいい

注：猫の頭と肩との位置関係をよく見ましょう。頭が肩より低ければ低いほど、より自信がなく不安を感じているということです。

姿勢
Posture

kitty language
自信のある動き

見た目はこんな感じ

- まっすぐ近づいていく
- 頭は肩と同じか肩より高い位置
- 耳が前を向いている
- しっぽは高く上がり、少しカールしている（P.64-65も参照）

こんな気持ちかも

- ハッピー
- 自信があって居心地がいい
- 親しみを感じている

確信がない

猫は立った姿勢でも座った姿勢でも半信半疑の気持ちを表すことができます。

見た目はこんな感じ

- 動きが止まる
- 頭は肩よりも低い位置
- 少し身をかがめて、足が内側に入っている

こんな気持ちかも

- 確信がない
- 用心している
- 「近づいてもいいのか、退くべきか?」

姿勢 Posture

kitty language
引っかいている

引っかくことは、猫にはなくてはならない基本的なニーズです。
抜爪(ばっそう)手術を受けている猫でも引っかく行動をします。

見た目はこんな感じ

- 水平、または垂直な面に爪をこすりつけている
- 体を伸ばしている

こんな気持ち・こういうことかも

- ハッピー、ワクワクしている
- 飼い主の気を引きたい
- 緊張を和らげたい
- 爪のお手入れ：表面の古い爪のさやをはがしたり、爪を研いだりしている
- 思い切り伸びをしている
- フェロモンをこすりつけている（P.19-21の「匂いのマーキング」も参照）

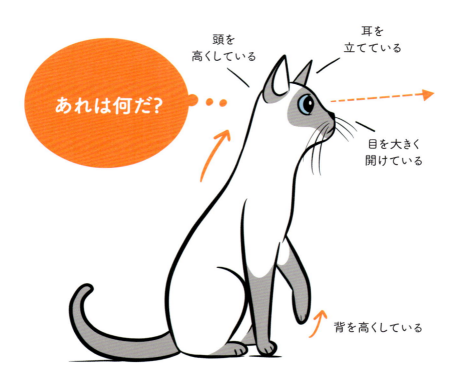

姿勢
Posture

kitty language

注意を払っている、興味がある

見た目はこんな感じ

- 頭を高くしている
- 耳を立てて、目を大きく開けている
- 後ろ足で立ち上がることもある

こんな気持ち・こういうことかも

- 警戒し、注意を払っている
- 少し緊張しているが、逃げたり隠れたりするほどではない
- 「もっと情報収集しないと」

姿勢
Posture

kitty 🐾 language

執着している、忍び寄っている

> **見た目はこんな感じ**

- 姿勢を低くして、首が前に伸びている
- 何かを見つめて目を離さず、瞳孔の大きさが変わることもある
- じっと見つめながら、その場で待つか、ゆっくりと前に忍び寄る

> **こんな気持ち・こういうことかも**

- ものすごく集中している
- 距離を測っている
- 「つかまえてやるぞ!」

P.147-149の
「狩り遊び」も参照

獲物は近いぞ!

耳を前に向けている

まっすぐ見つめている

前に忍び寄っている

姿勢を低くしている

首を前に伸ばしている

kitty language
不安

> 見た目はこんな感じ

- 姿勢を低くして距離を取っている
- しっぽは下げているか、しまい込むように下がっている

> こんな気持ちかも

- 怖い
- 安心できない
- 危険や苦痛を察知している
- 逃げる準備はできている

逃げる準備はできてるぞ!

- 動きがかたい
- 耳を後ろに引いている・さらに伏せている
- 瞳孔が開いている
- 全身を低くしている
- 体を傾けて避けている・こっそり立ち去っている

姿勢
Posture

kitty language
とても怖い

猫は怖いという気持ちが強ければ強いほど、自分の体をより小さく、平たくしようとします。

見た目はこんな感じ

- 姿勢を低くして、頭や足をしまい込んでいる
- 四肢の足裏を全て地面につけている
- 瞳孔が開いている

こんな気持ち・こういうことかも

- 怯(おび)えている
- 安心できない
- 「こっちを見ないで」
- 「お願いだから放っておいて!」

何もかもいやだ

- ちぢこまっている
- しっぽは股の間にはさむか、体に巻きつけている
- 頭を下げて首をすぼめている
- 耳を伏せている
- 瞳孔が開いている
- ひげを後ろに引いている
- 四肢の足裏を地面につけている

kitty language
防御

凶暴な猫だと誤解されることが多いです。

見た目はこんな感じ

- 体をちぢめて重心を向こう側にずらしている
- 前足を上げている（いつでもパンチできる）
- 耳を伏せている
- シャーと鳴いたり唸ったり、ツバが飛ぶこともある

こんな気持ちかも

- 逃げ場がない、追い詰められている
- ものすごく怖い
- 離れてほしくて威嚇している

他に身を守る術がないんだよ！

重心を向こう側にずらしている
毛が逆立っている
耳を伏せている
シャー!!!
首をすぼめている
前足を上げている（いつでもパンチできる）

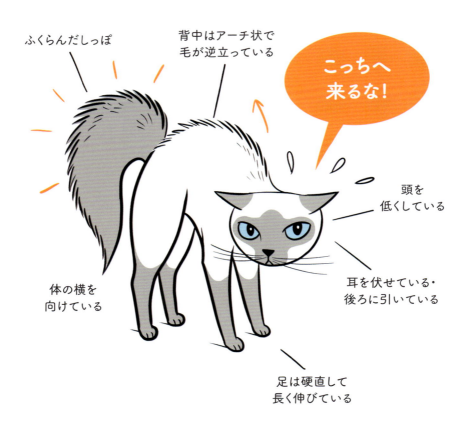

姿勢
Posture

kitty 🐾 language

背を高くし、怯えている

英語ではハロウィーンの猫のポーズ（しっぽは上がっていたり下がっていたり）とも言われ、邪悪だとか凶暴だなどと誤解されることがあります。

見た目はこんな感じ

- 背中をアーチ状にして背を高く見せ、体が硬直している
- 頭を低くして、首をすぼめている
- 体の横を向けている
- しっぽをふくらませ、上げているか下げている
- シャーと鳴いたり、唸ったり、ツバを飛ばすこともある

こんな気持ち・こういうことかも

- 驚いたり、怯えたりしていて、どこにも隠れる場所がない
- 逃げ場がない   ●「出ていけ!」
- 反撃する準備はできている
- 体をなるべく大きく見せて相手に警告している

P.102の「アーチ状の背中」も参照。

姿勢
Posture

kitty language

背を高くし、威嚇している

たいていは他の猫に対して見せる姿勢で、立っているときもあれば、座っているときもあります。

見た目はこんな感じ

- 背を高くして立ち、硬直している
- 頭は肩より高い位置にある
- じっと目を離すことなく、にらみつけている
- シャーと鳴いたり、唸ったりすることもある

こんな気持ち・こういうことかも

- 怒っているか、気分を害している
- 相手の猫を追い払いたい
- 「ここは俺の縄張りだ。出ていけ!」
- 攻撃の準備はできている
- 相手の猫の出方によって、この後、攻撃することもあれば逃げることもある

P.46の「じっとにらみつける」も参照。

101

姿勢
Posture

アーチ状の背中

違いを知ろう

似たようなかっこうでも、動きが違います！

脅威を取り除く
猫は、安全だと思えないとき、防御の意味で背中を高くアーチ状にします。このとき、頭の位置は低く、動きにかたさがあります。

「いい気分」
背中がアーチ状になっていても、全身がゆるんでリラックスしていたら、ゆっくりと大きな伸びをしているか、親しみを込めてあいさつをしているということです。

遊びに誘う
背中をアーチ状にして左右にピョンピョンと飛び跳ねていたら、遊びに誘っているということかもしれません。

ミー！

アーオ！

鳴き声

Sounds

家猫は、
100種類以上の鳴き方が
できると言われています。
ここでは一般的な
鳴き声をご紹介します。

鳴き声
Sounds

kitty language

「ゴロゴロ」
喉を鳴らす振動音

こんな音

- 口は閉じた状態で、リズミカルで柔らかいとどろきのような音

こんな気持ち・こういうことかも

- 満足している
- 温かく、慣れた場所にいるのが幸せ
- ボディランゲージに緊張感やソワソワした感じがあったら、具合が悪く、手当が必要で、自分を落ち着かせようとして鳴いているとも考えられる
- 何かを要求している（その場合は普通、声の高さが違う）

鳴き声
Sounds

kitty language

「クルルル」トリルと言われるうがいのような音

こんな音
- 口は閉じた状態で出される、波状の短い連続音

こんな気持ち・こういうことかも
- 親しい人にうれしそうに近づいている
- 母猫が子猫を呼んでいる

しっぽを上げている

クルルル?

近づいている

やわらかな目、耳は前を向いている

kitty language

「カカカ」クラッキングと言われる鳴き方

見た目と音はこんな感じ

- 口を開け閉めする
- 歯をカチカチ鳴らすような鳥の鳴き声にも似た「カカカ」「ケケケ」という連続音

こんな気持ち・こういうことかも

- ワクワクしている
- 鳥やその他の小さい獲物を見つめている

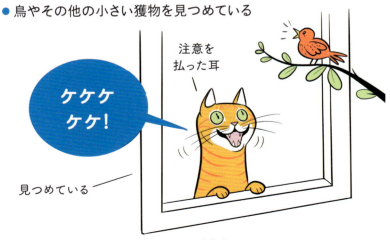

鳴き声
Sounds

kitty 🐾 language

「ニャー」

「ニャー」という鳴き声は、一般的に、大人の猫が互いにコミュニケーションを取るときには使われません。「ニャー」は、子猫が母猫に、大人の猫は飼い主に対して使う鳴き方です。

こんな音

- 猫はそれぞれ固有の「ニャー」という鳴き声を持っていて、様々な要求をするのに、声の高さを変えて使い分けています。

こんな気持ち・こういうことかも

- 「ねぇ、ちょっと、ちょっと!」
- 「…ちょうだい」
- イライラしているか、苦しんでいる（その場合は普通、声の高さが違う—P.113の「アーオ」を参照）
- 食べ物が欲しい、飼い主の気を引きたい、なでてほしいなど、何かしら要求している

猫は、この鳴き声が飼い主によく通じるので、いろいろなバリエーションで繰り返し使います。

鳴き声
Sounds

kitty 🐾 language

唸（うな）る、「シャー」、ツバを飛ばす

見た目はこんな感じ

- ストレスを表すボディランゲージ（P.34の「イカ耳」、P.37の「伏せ耳」、P.97の「防御」、P.99の「怯えている」も参照）

こんな気持ちかも

- 驚いた、怖い、ストレスを感じている、「出ていけ!!!」
- 「ぼくに近づくな!!!」（具体的な意味はその時々の状況によって違います。）

kitty  language

「アーオ」

訴えかけるような鳴き方

こんな音

- 低い声を長く伸ばし、泣き叫ぶような感じ

こんな気持ち・こういうことかも

- 痛い、退屈、または混乱している
- 体調が悪く、苦しんでいる
- 飼い主を探している
- 不妊手術をしていない雌猫は、発情期にこの声で鳴くこともある

親しみを
表す行動

Friendly Behaviors

他の猫や
人の近くにいたいときなど、
猫が関わりを求めているときの
行動をご紹介します。

親しみを表す行動
Friendly Behaviors

kitty language

ウキウキなハロー！

他の猫や人に対して見せる行動です。

見た目はこんな感じ
- しっぽを垂直に、ゆったりと上げて近づいている
- 顔も体もリラックスしている
- 動きにかたさがない

こんな気持ちかも
- ハッピー
- 「敵意はないよ！」
- 「やあ！」

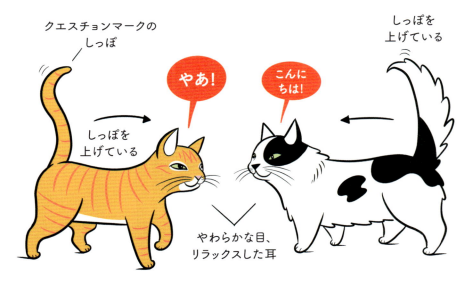

頭や顔を こすりつけている

「頭突き」とも言われます。

見た目はこんな感じ

- 頭頂部や顔を他者やものにこすりつける（P.19も参照）

こんな気持ち・こういうことかも

- 愛情を示している
- 「君のこと、大好き。友達だよね！」
- 再会を楽しんでいる
- 共同の匂いを更新している

親しみを表す行動
Friendly Behaviors

kitty 🐾 language

体をくっつける

見た目はこんな感じ

- 体をくっつける（通りすがりや休憩しながら）
- しっぽをくっつけたり、からませたりすることもある

こんな気持ち・こういうことかも

- 親しみを感じている
- 「ぼくは無害だよ」
- 「私たちは家族だよね」
- 再会を楽しんでいる
- 共同の匂いを更新している

しっぽを上げている

皮膚をくっつけている

体・しっぽをくっつけている

おかえりなさい！

kitty language
鼻をくっつけている

友達同士の猫では鼻と鼻をくっつける行動が見られます。それぞれの猫のボディランゲージを見れば、どんな気持ちで交流しているかがわかります。

見た目はこんな感じ

- お互いの鼻をくっつけ合っている

こんな気持ち・こういうことかも

- 親しみを感じている
- お互いの様子を確かめている
- あいさつしている

親しみを表す行動
Friendly Behaviors

kitty language

ひっくり返って転がる

英語で「ソーシャル・ロール」とも言われます。猫が他の猫との間に何も問題がなく、争う必要がないことを確認するときに、その猫の前でひっくり返って転がることがあります。

見た目はこんな感じ

- 背中や体の横を下にして、寝っ転がる
- 顔も体もリラックスしている
- やわらかな、くねくねした動き

こんな気持ちかも

- 親しみを感じている
- 信頼している
- 「どう、元気?」

他の猫を遊びに誘うときにも見られます。（P.150-151の「社会的遊び」参照）

親しみを表す行動
Friendly Behaviors

おなかを見せてひっくり返っている

違いを知ろう

猫がおなかを触ってほしがっていると勘違いしがちですが、必ずしも他者との交流を望んでいるわけではありません。

やあ、君のことが好きだよ！
見知らぬ人でも、猫がその人の前でひっくり返り、体の力も抜けていれば、信頼や親しみを感じていることがわかります。他の猫の前でひっくり返っていたら、遊びに誘っているのかもしれません。

防御態勢
体にかたさがあり、ストレスを表すサインが出ていたら、四肢の爪を総動員して自分の身を守ろうとしているとも考えられます。

マタタビへの反応
猫を引きつける植物から出る化学物質を嗅ぐと、地面に横になってゴロゴロ転がる猫もいます。（P.27の「マタタビ反応」も参照）

親しみを表す行動 Friendly Behaviors

kitty language
ふみふみしている

「ビスケットを作っている」「マフィンを作っている」「パン生地をこねている」などとも表現されますが、やわらかいベッドや人間の膝の上で見られる行動です。

見た目はこんな感じ

- 両前足でリズムよく、ふみふみしている
- 「ゴロゴロ」と鳴いていたり、よだれを垂らしていることもある

こんな気持ち・こういうことかも

- 愛情を示している
- 信頼している
- 気持ちよくなっている
- ストレスを発散している
- 足の指から出る匂いのマーキングをしている（P.19-21の「匂いのマーキング」参照）

子猫は母猫の乳腺をふみふみして刺激し、おっぱいを飲みます。

kitty language

なめ合っている

「対他毛づくろい」や「社会的毛づくろい」とも言われ、友達同士の猫で見られる行動です。

見た目はこんな感じ

- 友達の猫の顔や頭をなめる
- 顔や首をやさしく噛むこともある

> こんな気持ち・こういうことかも

- 愛情を示している
- 親しみを感じている
- 争いを避けたい
- 再会を楽しんでいる

対他毛づくろいは、時にイライラにつながることもあります。例えば、相手の猫がなめられるのをあまり受け入れていないときは、ストレスを示すボディランゲージが見られます（しっぽで床をたたく、パンチをするなど）。そうなると、「もういいから、やめて！」ということになります。

親しみを表す行動
Friendly Behaviors

kitty language

そばにいる

猫が互いに触れることなく（または触れてほしいと思いながら）、同じ場所で過ごしていると、他者に対して「無関心」に見えますが、人や他の猫と同じ場所を共有することは、猫の世界ではとても意味のあることです。

見た目はこんな感じ

- 体が触れるほどでなくても、そばに座ったり、くつろいだりしている
- 顔や体がリラックスしている

こんな気持ち・こういうことかも

- 居心地がいい
- 満足している
- 「家族と一緒で安心」
- 共同の匂いを楽しんでいる

他に行くところがないという状況では、仲の悪い猫同士だと、仕方なく同じ場所で過ごすことになります。その場合、猫同士はある程度距離を取り、リラックスしたボディランゲージはあまり見られません。

葛藤や
ストレスを表す
行動

Conflicted or Stressed
Behaviors

猫がどうすればいいかわからず
落ち着かないときや、
ストレスを感じているときに見せる
行動をご紹介します。

葛藤やストレスを表す行動
Conflicted or Stressed Behaviors

kitty  language

顔をそむける、横を向く

よそよそしいとか、社交性がないなどと誤解されがちです。

見た目はこんな感じ

- ストレスになるものに対して、目を合わせようとせず、横を向く
- 一瞬、うなずくように首を縦に振る

こんな気持ち・こういうことかも

- 落ち着かない
- 「もう少し離れてほしい」
- 交流を断りたいときや終わらせたいときに、お行儀よく伝えている

kitty language
鼻をなめる

見た目はこんな感じ

- 鼻やくちびるをすばやくなめ、その後でツバを飲み込む
 （食べた後の舌なめずりとは違います）

こんな気持ちかも

- 落ち着かない、不安
- 対応に困っている
- 緊張をやわらげたい

どういうこと？

鼻をなめている

葛藤やストレスを表す行動
Conflicted or Stressed Behaviors

kitty language

ストレスを表す毛づくろい、体をかく

猫のひとり毛づくろいは、食事の後や、お昼寝の前などによく見られます。ストレスを表す毛づくろいは、いつもとは違う状況で見られ、不安や葛藤を表しています。

見た目はこんな感じ

- 何かをしている最中に、突然自分の体をなめ始める
- たいてい、足や体の横、またはしっぽのつけ根を数回すばやくなめる

こんな気持ちかも

- 不安
- 状況がつかめない
- 緊張をやわらげたい
- 気持ちを紛らわせたい

注：体の同じ部分を長いことなめているようなときは、痛みや苦痛がある可能性があります。その部分に赤みや脱毛があったら要注意です。

葛藤やストレスを表す行動
Conflicted or Stressed Behaviors

kitty 🐾 language

ストレスを表すあくび

見た目はこんな感じ

- 短いあくび
- 休んでいるわけでも、眠いわけでもない

こんな気持ちかも

- 不安
- 落ち着かない
- 緊張をやわらげたい
- 争いを避けたい
- 「圧が強いんだけど」

トラブルはごめんだよ

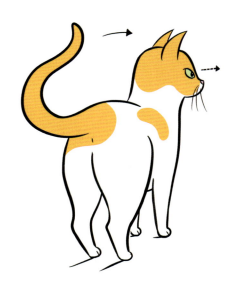

あくび

皮膚が波打つ

見た目はこんな感じ

- 触れたときに背中の皮膚や被毛が波打ったり、ぴくぴく動いたりする

こんな気持ちかも

- 居心地が悪い
- 怒っている
- 緊張をやわらげたい

注：触れていないのに皮膚が波打つ場合は、特定の薬やマタタビの影響、また知覚過敏症候群の可能性も考えられます。

お願い、やめて

触れたときに皮膚が波打つ

葛藤やストレスを表す行動
Conflicted or Stressed Behaviors

kitty language

ブルブルっとする

見た目はこんな感じ
- 頭や体をブルブルっとする（濡れていないときに）

こんな気持ち・こういうことかも
- 「もう十分です。ありがとうございます！」
- ストレスを解放する
- 気持ちが高ぶった（いい意味でも悪い意味でも）後に緊張をやわらげたい

注：頻繁に頭を振る場合は、耳の感染症の可能性もあります。

ハー！

ブルブルブル

kitty language
隠れる

見た目はこんな感じ

- 人目につかないところにこもり、呼びかけに反応しない
- 隠れるところがないときは、部屋の隅に顔や体を押しつけている

こんな気持ちかも

- ストレスを感じている
- 安全と思えない、または具合が悪い

注：隠れている猫よりも、隠れる場所がない猫の方が、ストレスが大きくなります。

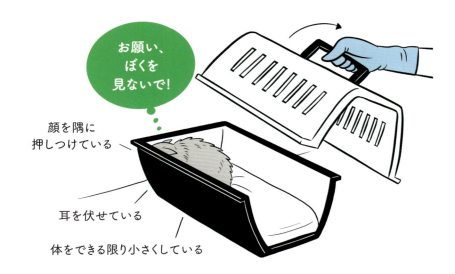

お願い、ぼくを見ないで!
顔を隅に押しつけている
耳を伏せている
体をできる限り小さくしている

葛藤やストレスを表す行動
Conflicted or Stressed Behaviors

kitty language

狂ったように走り回る

ストレスを解放するために狂ったように走り回るのは、ごく自然なことです。

見た目はこんな感じ

- 突然、興奮して、ものすごい速さで走り始める
- 跳んだり跳ねたり、よじ登ったり、飛びかかったり、ニャーと鳴いたり、引っかいたり、噛んだりもする

こんな気持ちかも

- プレッシャーを解放したい
- 安心した
- 長時間の眠りや退屈した後に、満タンのエネルギーを解放したい
- 過度な刺激を受けた

猫が眠りから覚めたとき（夕暮れや夜明けの頃）や、排便した後によく見られます。

葛藤やストレスを表す行動
Conflicted or Stressed Behaviors

kitty language

寝たふりをする

安全に隠れられる場所がないとき、猫は寝たふりをすることがあります。

見た目はこんな感じ

- 体を丸めてちぢこまり、働きかけに反応しない
- 首をすぼめている
- 目は完全には閉じていない

こんな気持ちかも

- とてもストレスを感じている
- 心を閉ざしている
- 「寝てるからそっとしておこうと思ってくれるかも」

kitty language
痛みを表す表情

> 見た目はこんな感じ

- あごを引いて胸に押し当てている
- 耳が外側に大きく倒れている
- 目を細め、視線を合わせようとしない
- ひげがピンとまっすぐ伸び、いつもより尖って見える
- 口角が後ろに伸びている

> こんな気持ちかも

- ある程度の痛みがある

注：耳やひげの定位置は、個々の猫で違います。

遊び

🐾

Play

猫の世界には、

狩り遊び（小さなものや実際の獲物と行う）と

社会的遊び（猫友達と行う）という

2種類の遊びがあります。

遊び
Play

kitty language

狩り遊び

捕食遊び、おもちゃ遊び、じゃれ遊びなどとも言われます。
狩猟行動は、猫の健康には欠かせないもので、猫が猫たる所以の行動です。猫は単独で狩りをするので、狩り遊びもひとりで行いますが、人間がおもちゃを獲物のように動かしてあげることもできます。遊びを通じて猫と絆を結び、その子の好みを知ることができるので、狩り遊びは猫の大きな楽しみではありますが、人にとってもよいものです。狩り遊びでは、猫は爪や歯を使って、「獲物」にじゃれつきます。

遊び
Play

猫は、大人になるにつれ、歯や爪を使ってじゃれつくよりも、追跡したり待ち伏せしたりするのを楽しむようになることもあります。

じっと観察して待つ

モゾモゾ

待ち伏せモード

追跡と待ち伏せ

- 獲物のように動く物体を執拗(しつよう)にじっと見つめる
- 飛びかかる準備をしている

歯と爪を使う

- すくい上げたり、放り投げたりする
- ピシャリと打ったり、つかんだり、抱えたりする
- ウサギのキックのように後ろ足を使って獲物を引っかく
- 噛みついて、とどめを刺す

歯と爪を使って!

とどめだ!

遊び
Play

kitty language

社会的遊び

猫の遊びはケンカと区別しにくいのですが、猫同士の遊びは言わば、お約束の「ケンカごっこ」です。乱暴にゴロゴロと転げ回って攻撃的に見えますが、スポーツの試合のようなものです。

見た目はこんな感じ

- お互いに見つめ合っている
- 耳を外側に向けている
- 背中がアーチ状で、毛が逆立っている
- しっぽの動きが大きい

バン！

爪は立てていない

遊び
Play

楽しい遊びとは

- だいたい無言（「シャー」と言ったり、唸ったり、叫んだりはしない）
- 爪を立てずにパンチしている ― 痛みやケガにつながらない
- 噛むときもやさしく ― 痛みやケガにつながらない
- 交互に上になったり下になったりしている
- 短い「間」が頻繁にある（P.154の「遊びの『間』」も参照）
- いつでも遊びを抜けられ、抜けてもあまり離れず、またすぐに戻ってくる

遊びであれば、猫同士のやり取りには攻撃の意味は一切なく、一方の猫がその場を離れるまで続きます。相手を傷つけたり殺したりすることがないよう、爪や歯の使用は抑制されています。遊びはたいてい、対他毛づくろいをし合うような友達同士で行われます。(P.126-127参照)

キック！
キック！
キック！

遊び
Play

kitty language

遊びの「間（ま）」

猫は気が散りやすく、遊びながら頻繁に「間」があるときは、お互いに脅威を感じていないということです。

見た目はこんな感じ

- 一瞬、他のものに目をやる
- 一瞬、自分をなめたり、引っかく
- 一瞬、横を向いたり、首を縦に振ったりする
- 短い休止があり、やわらかくまばたきをする

こんな気持ち・こういうことかも

- 「どういう位置取りをすれば勝てるかな？」
- 何かに気を取られた
- ちょっとだけ休憩したい
- 次の動きを思案中

遊び
Play

kitty language

楽しく なくなっているとき

楽しい遊びのはずが、ヒートアップしてケンカにエスカレートすることがあります。また、一方の猫が「狩り遊び」のモードになって相手の猫を狩るような動きを始めると、もはや楽しい遊びではなくなってしまいます。

両方の猫のボディランゲージと動きをよく見て、双方にとって楽しい遊びなのか、一方の猫だけが楽しんでいるのか、ケンカになってしまっているのかを見定めましょう。

一方的な遊びやケンカとは

> 見た目と音はこんな感じ

- 「シャー」と言ったり、唸ったり、悲鳴をあげるように鳴いたりしている
- 「間」がなく、じゃれあいが度を越してくる（にらみ合いが長く続き、ストレスサインを出している）
- 噛んだり、パンチしたりして、痛みやケガにつながる
- 一方の猫がその場を離れるか、相手に追いかけられて逃げてしまい、戻ってこない
- 本気でケンカしているときは、両者ともそこから簡単に抜け出せない

遊び
Play

パンチする

猫のパンチは、時に爪を出していることもあり、攻撃のように見えますが、そうとも限りません。そのときに何が起きているかを理解するには、パンチをする前と後の様子をよく観察する必要があります。

狩り遊びに夢中！
パンチすることでものが動き、それによってまたパンチしたくなる…という状況なら、猫は楽しんでいるということです。

やめて
小さなコミュニケーションサインが無視された場合、パンチで「やめて」という意思を示すことがあります。「もう十分です。ありがとうございました」ということです。

気を引きたい
猫は何かに興味があるとき、前足をつかって調べてみたりします。手でものを落として、飼い主の気を引こうとすることもあります。

おめでとうございます
Congratulations

愛猫のボディランゲージを理解するための
第一歩を踏み出しましたね。

猫の行動についてもっと学びたければ、
原作公式サイト kittylanguagebook.com も
ぜひご活用ください。

感謝をこめて

Thank you

この本の執筆にあたってご教示をいただいた、
以下の猫のビヘイビアリスト及び科学者の皆さまに、
心より感謝申し上げます。

- Caroline Crevier-Chabot
- Dr. Mikel Delgado
- Sarah Dugger
- Dr. Sarah Ellis
- Hanna Fushihara
- Dr. Emma K. Grigg
- Dr. Kristyn Vitale
- Jacqueline Munera
- Dr. Wailani Sung
- Dr. Zazie Todd
- Dr. Andrea Y. Tu
- Melinda Trueblood-Stimpson
- Rochelle Guardado
- Julia Henning

さらに、このすてきな本を製作してくださった
出版社Ten Speed Press の素晴らしいチーム、
Julie Bennett, Isabelle Gioffredi, Terry Deal, Dan Myers に、
いつも私を助けてくれるエージェントのLily Ghahremani に、
そして、下書きを読むなど私を支えてくれた家族と友人の皆さま、
Nathan Long, Linda Lombardi, Solvej Schou, Kitty Scott,
Alice Tong, Kiem Sie, Ta-Te Wu, Christa Faust,
Dr. Eduardo J. Fernandez にも感謝の意を表します。

おわりに

訳者あとがき
written by Chiho Chadani

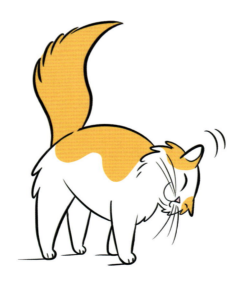

written by Chiho Chadani

　前作の"Doggie Language: A Dog Lover's Guide to Understanding Your Best Friend"（邦題『犬語図鑑 犬のボディランゲージを学んでもっと愛犬と仲良くなろう』）に続き、今作も翻訳させていただいたこと、大変光栄に思っております。リリーさんのイラストはかわいいのはもちろん、動物の表情が的確に描かれ、写真を見るよりもわかりやすいところも魅力のひとつだと思います。今にも動き出しそうな生き生きとした描写は、「動きを見ることが大事」という猫のボディランゲージの学習にピッタリです。

　人間は意思の疎通に言葉を使いますが、動物はボディランゲージで会話をします。犬同士でも猫同士でもお互いにいろいろなサインを出して気持ちを伝え合っています。そして、彼らの「言葉」は、どうやら違う種類の動物にも通じるようです。私は以前、愛犬ハリーとの散歩中に出会ったある猫とハリーとのやり取りが忘れられません。外で出会う猫は、私たちを見ると、たいていさっと逃げるか、「背を高くし、威嚇している」（P.101参照）のポーズを取るのですが、その猫はおなかがすいていたのか、「ニャー」と鳴いて親しげに近寄ってきたのでした。私はハリーがどんな反応をするのか、様子を見ることにしました。猫は、私たちから1メートルくらいのところまで来て座りました。今度は、ハリーがそっと猫に近づいていきました。でも、途中で

居心地が悪くなったのか、ハリーは地面の匂いを嗅ぎ始めました。これは、犬のボディランゲージで、「うまく状況をつかめない」「なんか、いやだな」という意味です。すると、猫はそれ以上近づこうとせず、そのまま私たちを見送ってくれたのでした。

　犬のボディランゲージは、猫にもちゃんと通じるのですね！　ハリーも、猫の働きかけに応じようとしてみたけれど、ちょっと不安になり、それを自分の「言葉」で穏便に猫に伝えることができました。異種同士の動物が、こんな風に会話ができるなんて、なんだかとてもすてきです。相手が自由に意思表示できるように、お互いに適切な距離を保っていたのも印象的でした。私は猫と暮らしたことがないので、翻訳にあたって、猫の様々な鳴き声を日本語で表現しようにも、なかなかイメージがわきませんでした。幸い、インターネットには、世界中の愛猫家たちが投稿した猫の動画があふれています。また、私の周りにも、もはや「猫博士」と言えるほどの愛猫家の方々がいて、皆、とても愛おしそうに猫の話をしてくれました。猫のことはほとんど知りませんでしたが、今では私の頭の中に、様々な仕草をする猫がしっかりと住み着いております。

　猫の本当の気持ちは、その猫自身にしかわかりません。この本でも猫の

written by Chiho Chadani

見た目や鳴き方に対して「こんな気持ち・こういうことかも」という表現を使っているように、私たちはそのときの猫の様子や状況から、気持ちを想像することしかできないのです。でも、あのときの猫のように、相手の様子を見ながら少しずつ働きかけることで、ちゃんと会話が成立し、お互いの気持ちを尊重し合うことができるのですから、ボディランゲージがわかるということは、とても大事なことです。本だけでなく、目の前の動物先生からもよく学び、私たち人間も動物同士の会話の輪に入れたら、こんなに幸せなことはないと思うのです。

茶谷千穂

著 Lili Chin（リリー・チン）

アーティスト。ほかの著作に『犬語図鑑 犬のボディランゲージを学んでもっと愛犬と仲良くなろう』（KADOKAWA／原題"Doggie Language: A Dog Lover's Guide to Understanding Your Best Friend"）がある。

同氏が製作した猫のポスター、「猫の言葉」や「猫同士の遊び」は世界中の動物病院や動物保護団体で活用されている。

また、International Cat Care, Association of Pet Behaviour Counsellors UK, International Association of Animal Behavior Consultants, RSPCA を始めとする多くの動物福祉団体の製作物のイラストを担当。

自身のオンラインギフトショップDoggiedrawings.netでは、イラスト提供、オーダーメイドのペットアートなど、様々なサービスを展開している。

愛猫は2匹の保護猫、マンボとシミー。

訳 茶谷千穂（ちゃだに・ちほ）

幼少期をイギリスで過ごす。上智大学卒業。愛犬と暮らす中で動物のボディランゲージを理解することの大切さに気づき、動物は声を聴いてもらえばもらえるほど、人の話に耳を傾けるようになることを実感。

ほかの訳書に『犬語図鑑 犬のボディランゲージを学んでもっと愛犬と仲良くなろう』がある。

KITTY LANGUAGE
by
Lili Chin

Text and illustrations copyright © 2023 by Lili Chin

This edition published by arrangement with Ten Speed Press,
an imprint of the Crown Publishing Group, a division of Penguin Random House LLC,
through Japan UNI Agency, Inc., Tokyo

猫語図鑑

猫のボディランゲージを学んでもっとウチのコと仲良くなろう

2024年10月11日 初版発行

著
リリー・チン

訳
茶谷千穂

発行者
山下直久

担当
藤田明子

装丁
木庭貴信＋角倉織音
（オクターヴ）

編集
ホビー書籍編集部

発行
株式会社KADOKAWA
〒102-8177 東京都千代田区富士見2-13-3
TEL：0570-002-301（ナビダイヤル）

印刷・製本
TOPPANクロレ株式会社

本書の無断複製（コピー、スキャン、デジタル化等）並びに無断複製物の譲渡および配信は、
著作権法上での例外を除き禁じられています。また、本書を代行業者等の第三者に依頼して複製する行為は、
たとえ個人や家庭内での利用であっても一切認められておりません。

［お問い合わせ］
https://www.kadokawa.co.jp/（「お問い合わせ」へお進みください）
＊内容によっては、お答えできない場合があります。
＊サポートは日本国内のみとさせていただきます。
＊Japanese text only

定価はカバーに表示してあります。

Printed in Japan
ISBN 978-4-04-738050-9　C0077

©Chiho Chadani 2024